BEI GRIN MACHT SICH IHR WISSEN BEZAHLT

- Wir veröffentlichen Ihre Hausarbeit, Bachelor- und Masterarbeit

- Ihr eigenes eBook und Buch - weltweit in allen wichtigen Shops

- Verdienen Sie an jedem Verkauf

Jetzt bei www.GRIN.com hochladen und kostenlos publizieren

David Abend

Wie verhüte ich richtig? Der Umgang mit Verhütungsmethoden (Klasse 8/9, Realschule)

Sexualkunde

GRIN Verlag

Bibliografische Information der Deutschen Nationalbibliothek:

Die Deutsche Bibliothek verzeichnet diese Publikation in der Deutschen National-
bibliografie; detaillierte bibliografische Daten sind im Internet über http://dnb.d-
nb.de/ abrufbar.

Impressum:

Copyright © 2014 GRIN Verlag GmbH
Druck und Bindung: Books on Demand GmbH, Norderstedt Germany
ISBN: 978-3-656-85318-3

Dieses Buch bei GRIN:

http://www.grin.com/de/e-book/283604/wie-verhuete-ich-richtig-der-umgang-mit-
verhuetungsmethoden-klasse-8-9

GRIN - Your knowledge has value

Der GRIN Verlag publiziert seit 1998 wissenschaftliche Arbeiten von Studenten, Hochschullehrern und anderen Akademikern als eBook und gedrucktes Buch. Die Verlagswebsite www.grin.com ist die ideale Plattform zur Veröffentlichung von Hausarbeiten, Abschlussarbeiten, wissenschaftlichen Aufsätzen, Dissertationen und Fachbüchern.

Besuchen Sie uns im Internet:

http://www.grin.com/

http://www.facebook.com/grincom

http://www.twitter.com/grin_com

**Zentrum für schulpraktische
Lehrerausbildung**

Seminar für das Lehramt an Haupt-, Real- und
Gesamtschulen

Unterrichtsentwurf

für den 1. Unterrichtsbesuch

im Fach Biologie

Thema der Unterrichtsstunde:

Wie verhüte ich richtig? – Der Umgang mit Verhütungsmethoden

LAA:

Schule:

Fach: Biologie

Klasse (Kurs):   Biologie-Kurs Klasse 8 (BdU)

Schulleiter(in):

Mentor(in):

ABB:

Kernseminarleiter(in):

Fachleiter(in):

Datum:

Zeit: 11.40 Uhr – 12.25 Uhr

Raum:

1   Unterrichtsreihe

1.1   Thema und Aufbau der Unterrichtsreihe

Sexualität und Partnerschaft – Wir werden erwachsen und übernehmen mehr Verantwortung

Die Unterrichtsreihe Sexualität und Partnerschaft soll den Schülerinnen und Schülern[1] den Sinn und die Bedeutung von Sexualität näher bringen. Im Mittelpunkt stehen vorwiegend die Fragen der SuS zu partnerschaftlichen Beziehungen und nicht nur die Sexualität im Hinblick auf das Funktionsprinzip. In der Unterrichtsreihe sollen die SuS vorwiegend mithilfe von Kleingruppen Lösungsansätze zu Problemen und Konflikten, die sich in und nach der Pubertät ergeben können, überwiegend selbstständig erarbeiten. Da der Umgang mit Sexualität sehr verschieden ist, muss genügend Freiraum für die Diskussion geschaffen werden. Als Grundlage für diese Diskussionen dienen die in der Unterrichtsreihe erworbenen fachlichen Grundlagen.

1.2   Aufbau der Unterrichtsreihe

Unterrichtssequenz	Thema der Stunde
1. Sequenz	Was bedeutet für euch Sexualität? – Die SuS sprechen über unangenehme Situationen in der Sprechmühle.
2. Sequenz	Bau und Funktion der Geschlechtsorgane – SuS lernen die verschieden Geschlechtsorgane und deren Funktionen kennen.
3. Sequenz	Was ist für euch Schönheit? – Im Mittelpunkt steht für die SuS die Frage was Schönheit ist und was zur Körperpflege gehört. SuS stellen die wichtigen Punkte der Hygiene in Kleingruppen zusammen.

---

[1] Im weiteren Verlauf SuS abgekürzt.

2

4. Sequenz	**Der Umgang mit Verhütungsmethoden und der Schutz vor Geschlechtskrankheiten - SuS erarbeiten selbsttätig eine Tabelle, in der alle gängigen Verhütungsmethoden dargestellt werden.**
5. Sequenz	Die Vor- und Nachteile der Verhütungsmittel - Unwahrheiten/ Wahrheiten über Verhütungsmethoden wird mit der Lerngruppe diskutiert. Die SuS haben die Möglichkeit „eigene" Unwahrheiten in Gruppenarbeit zu besprechen.
6. Sequenz	Der weibliche Menstruationszyklus - In der Gruppenarbeit wird der Menstruationszyklus erarbeitet und die Wirkungsweisen verschiedener Verhütungsmethoden auf den Zyklus besprochen.
7. Sequenz	Schwangerschaft und Geburt - Der Ablauf der Schwangerschaft sowie der Geburt, als auch Gefahren werden in dieser Sequenz thematisiert. Die SuS erarbeiten in Kleingruppen dieses Themengebiet.
8. Sequenz	Aids und andere durch Geschlechtsverkehr übertragbare Krankheiten - Die SuS erhalten Informationen zum Thema Geschlechtskrankheiten und wenden das Wissen über Verhütungs-methoden an, um schützende Maßnahmen zu ergreifen (Gruppenarbeit).

1.3 Kompetenzorientierte Lernzielschwerpunkte der Unterrichtsreihe

Im Verlauf der Unterrichtsreihe sollen die SuS sowohl Themen der sexuellen Aufklärung im herkömmlichen Sinne, wie z.B. Bau und Funktion der Geschlechtsorgane, als auch Themen die die Verhaltensweisen der Geschlechter zueinander und untereinander thematisieren. Dabei sollen die SuS ein positives Verhältnis zur Sexualität gewinnen und Wissen über die körperlichen, psychischen

3

und sozialen Aspekte erwerben. Dabei wird versucht für SuS Rahmenbedingungen zu schaffen, die ein vertrauensvolles Verhältnis untereinander ermöglichen und den offenen Dialog zwischen allen Beteiligten fördern.

1.4 Lerngruppe

Die Lerngruppe des Biologie-Kurses der Klasse 8 besteht aus 21 SuS, 6 Mädchen und 15 Jungen. Der Biologiekurs besteht aus drei Schulkassen und setzt sich aus den SuS der Klassen 8A, 8B und 8C zusammen. Aufgrund dieser Zusammensetzung kennen sich die SuS untereinander nicht so gut, wie SuS, die gemeinsam in einer Klasse unterrichtet werden. Der Kurs ist eine leistungsmäßig durchschnittliche Lerngruppe, in der es die normalen Unterschiede im Leistungsstand gibt. Die mündliche Mitarbeit ist innerhalb der Klasse sehr verschieden.

Die Klasse zeigt sich sehr interessiert am Fach Biologie bzw. auch am derzeitigen Thema der Unterrichtsreihe. Innerhalb der Lerngruppe fallen, wie schon angedeutet, einige SuS deutlich durch sehr aktive Mitarbeit auf (sowohl mündlich als auch z.B. in Gruppenarbeitsphasen), andere präsentieren sich eher zögerlich und zurückhaltend.

1.5 Lernvoraussetzungen und Konsequenzen

Der Biologieunterricht findet jeweils dienstags in der fünften Stunde (11:40 bis 12:25 Uhr), sowie donnerstags in einer Doppelstunde (9:50 bis 11:25 Uhr) statt. Dienstags steht der Kunstraum mit großen Gruppentischen und donnerstags der Biologieraum mit biologischen Modellen zur Verfügung. Aufgrund dieser Begebenheiten wird der Dienstag vermehrt für Gruppenarbeiten genutzt. In den vergangenen Stunden hat sich die Klasse mit dem Aufbau der Geschlechtsorgane des Mannes und der Frau auseinandergesetzt. Am Beginn der Unterrichtsreihe konnten sich die SuS über eigene Erfahrungen mit Sexualität in Bezug auf unangenehme Situationen austauschen. Dabei standen der Umgang und das eigene Verhalten in solchen Situationen im Vordergrund.

Im Verlauf der Unterrichtsreihe zeigten die SuS am Themenbereich Sexualität großes Interesse. Dabei zeigte sich auch, dass sie sehr offen mit dem jetzigen Themenbereich umgehen und teilweise auch sehr viele Fragen haben. Das Äußern von Gedanken und Einstellungen bereitet den SuS jedoch unterschiedlich große Probleme, da sie einen unterschiedlichen Reifezustand aufweisen. Das Lern- und Arbeitstempo weist innerhalb der Gruppe einige Unterschiede auf, so dass dies im Unterrichtsverlauf beachtet werden muss. Um die Wirkung von Verhütungsmittel verstehen zu können, ist das Wissen um den Bau der Geschlechtsorgane unabdingbar. Dieses Wissen ist bei den SuS vorhanden sein. Der Menstruationszyklus wurde bisher noch nicht besprochen, wird aber im weiteren Verlauf der Unterrichtsreihe thematisiert. Die Grundlagen des Menstruationszyklus wurden bereits in der Klasse 6 besprochen und sollten in ausreichender Form für das Thema Verhütung vorhanden sein. Der Menstruationszyklus wird im Anschluss an die Unterrichtsstunde Gegenstand des Unterrichtsgeschehens sein. Dabei werden die verschiedenen Verhütungsmittel noch einmal wiederholt und die Auswirkungen auf den Menstruationszyklus besprochen.

Insgesamt sollten die SuS über ausreichende Kenntnisse der Geschlechtsorgane verfügen, dass sie die verschiedenen Wirkungsweisen der Verhütungsmittel verstehen.

1.6 Überlegungen zur Sache

Es gibt eine große Auswahl an Verhütungsmitteln, wie die hormonelle Verhütung, Spiralen, Diaphragma, Kondom, chemische Mittel, Sterilisation oder natürliche Verhütung. Bei allen Verhütungsmitteln wird ein Kompromiss aus mehreren Faktoren wie Anspruch an die Sicherheit, Annehmlichkeit der Anwendung oder das gesundheitliche Risiko gemacht. Je nach Lebenssituation gibt es verschiedene Einsatzmöglichkeiten.

Eines der weitverbreitetsten Verhütungsmittel ist die so genannte „Pille", die vor allem von jungen Frauen bzw. Mädchen verwendet wird. Es gibt verschiedene Pillensorten, wobei sich zwei Arten unterscheiden lassen. Zum einen die Pillen, die

Östrogen und Gestagen enthalten und die Minipille, die nur Gestagene enthält. Die in der Pille vorhandenen Hormone hemmen die Eizellenreifung und den damit verbundenen Eisprung. Die Hormone der Minipille, die im Vergleich zur herkömmlichen Pille niedriger dosiert sind, machen den Schleim im Gebärmutterhals für Samenzellen undurchlässig. Die Spermien erreichen Gebärmutter (Uterus) und Eileiter (Tuben) nicht und können damit auch keine Eizelle befruchten. Zudem bewirkt das Gestagen, dass sich die Gebärmutterschleimhaut mangelhaft aufbaut. Sollte trotzdem eine Befruchtung der Eizelle stattfinden, kann diese sich nur schwer einnisten. Durch die niedrigere Dosierung fallen die Nebenwirkungen geringer aus. Zu diesen Nebenwirkungen gehören eventuelle Auswirkungen auf das Herz- und Kreislaufsystem, ein gesteigertes Brustkrebsrisiko bei langer Einnahme und eine mögliche Gewichtszunahme. Außerdem kann die Wirkung der Pille durch Durchfall und Erbrechen stark beeinflusst werden. Bei Mädchen bis 20 Jahren erfolgt eine Kostenübernahme durch die Krankenkasse.

Eine weitere Verhütungsmöglichkeit ist die Spirale, sie muss durch einen Arzt oder eine Ärztin in der Gebärmutter eingesetzt werden und bewirkt zum einen, dass die Gebärmutterschleimhaut geringer aufgebaut wird und zum anderen wird die Spirale vom Körper als Fremdkörper angesehen, wodurch eine Art Dauerreizung ausgelöst wird. Durch diese Dauerreizung werden Abwehrzellen gebildet, die Samenzellen und auch die Eizelle vernichten können. Sie wird vor allem Dingen von Frauen genutzt, die bereits Kinder geboren haben. Zu den Nebenwirkungen gehören eventuelle Entzündungen und in wenigen Fällen auch Eileiterschwangerschaften. Es kann dazu kommen, dass die Spirale unbemerkt mit einer Blutung ausgeschieden wird, daher ist eine regelmäßige Kontrolle notwendig.

Das Diaphragma und die Portiokappe bestehen aus einer mit Gummi kuppelartig überzogenen ruhenden Spiralfeder. Vor dem Geschlechtsverkehr werden sie von der Frau vor den Muttermund eingesetzt, wobei es verschiedene Größen gibt, die von einem Frauenarzt angepasst werden, wodurch das Zusammentreffen von Ei- und Samenzelle verhindert wird. Da dieser Schutz nicht ausreicht, bedarf es eines chemischen Schutzes, in Form eines samenabtötenden Gels, dass auf das Diaphragma bzw. die Portiokappe aufgetragen wird. Bei richtiger Anwendung sind diese Verhütungsmethoden sehr sicher. Zu den Vorteilen gehört, dass es nur angewendet werden muss, wenn es tatsächlich zum Geschlechtsverkehr kommt und es zu keinerlei Nebenwirkungen kommt. Natürlich bieten diese Verhütungsmethoden keinen Schutz vor sexuell übertragbare Krankheiten und es bedarf einiger Übung bis der richtige Umgang beherrscht wird.

Zu den bekanntesten Verhütungsmethoden gehört das Kondom. Vor Einführung der Spirale und der Pille war es das meist gebrauchte Verhütungsmittel. Gerade als Schutz vor Aids und anderen Geschlechtskrankheiten hat das Kondom eine wichtige Rolle unter den Verhütungsmitteln. Bei der richtigen Anwendung ist es sehr sicher und stellt keinen Eingriff in den Körper da und hat somit auch keine Nebenwirkungen.

Seit einigen Jahren haben Hormonimplantate, Vaginalring und Hormonpflaster einen wichtigen Stellenwert unter den Verhütungsmitteln. Ein großer Vorteil dieser Verhütungsmethoden besteht darin, dass sie nicht täglich eingenommen werden müssen. Sie haben eine ähnliche Wirkungsweise wie die Pille. Das Hormonimplantat ist ein kleines Stäbchen, das auf der Innenseite der Oberarme eingesetzt wird und über einen Zeitraum von bis zu drei Jahren eine ungewollte Schwangerschaft verhindern kann. Vaginalring und Hormonpflaster werden über einen Zeitraum von ca. drei Wochen im bzw. auf dem Körper angebracht und danach für eine Woche entfernt. Alle drei Methoden müssen von einem Arzt bzw. einer Ärztin verschrieben werden. Aufgrund der Ähnlichkeit zur Pille muss mit gleichen Nebenwirkungen gerechnet werden.

Es gibt eine Reihe von natürlichen Verhütungsmethoden, wobei kein Geschlechtsverkehr innerhalb der empfängnisbereiten Phasen des Menstruationszyklus ausgeübt werden darf, wenn eine ungewollte Schwangerschaft vermieden werden soll. Aufgrund der Messung der Körpertemperatur zum immer gleichen Zeitpunkt kann der Zyklus der Frau genau bestimmt werden und somit die empfängnisbereiten Tage unterschieden werden. Auch der Koitus interruptus stellt eine natürliche Verhütungsmethode dar, wobei der Mann vor dem Eintreten des Samenergusses seinen Penis aus der Scheide entfernt und außerhalb von dieser zum Samenerguss kommt. Diese Methode bietet jedoch keinerlei Sicherheit, denn es kommt bereits vor dem eigentlichen Samenerguss zum Austritt von Samenflüssigkeit. Auch der Schutz vor Geschlechtskrankheiten ist durch diese Methode nicht gegeben.

1.7 Curriculare Legitimation

Der Umgang und die Bedeutung der Verhütungsmethoden lässt sich dem Inhaltsfeld Sexualerziehung in den Kernlehrplänen zuordnen. Hiernach sollen die SuS die verschiedenen Möglichkeiten der Empfängnisverhütung kennenlernen und der Unterricht präventiv bezüglich möglicher Infektionskrankheiten ansetzen. Dabei steht nicht nur die Wissensvermittlung im Mittelpunkt, sondern auch eine starke Schülerorientierung.

Die Institution Schule sollte die SuS dazu befähigen, einerseits über das notwendige Fachwissen zu verfügen, andererseits die nötigen Handlungskompetenzen zu entwickeln. Der Umgang und der richtige Einsatz von Verhütungsmitteln und Verhütungsmethoden stellt dabei eine wichtige Grundlage dar.

Dabei muss sich die Lehrperson bei der Wahl der geeigneten Methode an den Erfahrungen der SuS orientieren, damit sie sich im Sinne eines handlungsorientierten Unterrichtes ihren Fähigkeiten entsprechend mit dem Lerngegenstand auseinandersetzen können. Wichtig dabei ist nicht nur, dass die SuS die Empfängnisverhütung unter dem Aspekt der Schwangerschaftsverhütung kennen lernen, sondern auch im Sinne des Infektionsschutzes.

1.8 Didaktischer Leitgedanke und Intention

Angesichts der steigenden Zahlen ungewollter Schwangerschaften und Zunahme der HIV-Infektionen bei jungen Menschen stellt die Sexualerziehung im Biologieunterricht einen wichtigen Teil da. Aufgrund mangelnder Aufklärung haben viele SuS große Wissenslücken in diesem Bereich. Ca. 13 % aller Jugendlichen verhüten beim ersten Mal nicht, daher ist es eine wichtige Aufgabe in der Schule Aufklärung zu leisten. Dabei sollen die SuS über mögliche Gefahren aufgeklärt werden und ihnen das nötige Wissen im Umgang mit Verhütungsmethoden mitgegeben werden. In der Unterrichtsreihe wechseln sich fachliche Elemente (wie Bau und Funktion der Geschlechtsorgane) und die auf diese fachlichen Grundlagen alltagsnahen Elemente ab. Durch diesen Wechsel soll die Motivation bei den Schülern hochgehalten werden und durch das Einbauen der erworbenen fachlichen Grundlagen in die alltagsnahen Elemente sollen diese weiter gefestigt werden.

2 Thema und Lernzielschwerpunkte der Unterrichtsstunde

2.1 Thema der Unterrichtsstunde

Wie verhüte ich richtig – Der Umgang mit Verhütungsmethoden

2.2 Lernzielschwerpunkte der Unterrichtsstunde

Die SuS sollen in Kleingruppen die verschiedenen Verhütungsmethoden kennen lernen und sich im Gruppenpuzzle gegenseitig über diese informieren. Die gewonnenen Erkenntnisse werden in einer Tabelle zusammengefasst, so dass jeder eine Übersicht über die verschiedenen Verhütungsmethoden erhält.

Indikatoren:
Die SuS ...

- ... vertiefen im eigenverantwortlichen und selbständigen Arbeiten die Lerninhalte.
- ... üben in der Sozialform „Gruppenpuzzle" den Austausch über verschiedene Themenbereiche.
- ... lernen sich frei über das Thema Sexualität zu äußern.
- ... sollen der Frage nach geeigneten und ungeeigneten Verhütungsmitteln nachgehen und sich der Bedeutsamkeit von sicheren Verhütungsmitteln bewusst werden.

2.3 Konkretisierungen zur Lerngruppe und Lernvoraussetzungen

Insgesamt zeigt sich die Klasse in den vergangenen Unterrichtsstunden sehr motiviert, das Thema Sexualität zu bearbeiten. Dies liegt vermutlich auch daran, dass dieses Thema alle betrifft und sie einen persönlichen Bezug dazu haben. Da einige Bereiche des Themengebietes etwas Überwindung kosten, über sie frei zu sprechen, muss weiterhin darauf geachtet werden dass der Redeanteil einzelner SuS nicht zu hoch wird und dass alle ihre Fragen/ Probleme vortragen können.

Auch das Missverhältnis zwischen der Anzahl der Jungen und Mädchen muss im Verlauf der Unterrichtsreihe beachtet werden. Nicht nur die Fragen der Jungen sollen vorrangig behandelt werden, sondern auch die der Mädchen. Zum Thema Verhütung besitzt nur ein kleiner Teil der Gruppe Vorerfahrung. Bezüglich der verschiedenen Verhütungsmethoden werden nicht alle SuS den gleichen Wissensstand besitzen und auch die Grundlagen (Bau und Funktion der Geschlechtsorgane) war nicht allen bis zur letzten Stunde bekannt.

Nicht zu vergessen ist der Austausch der SuS aus dem Biologiekurs mit anderen Mitschülern aus ihrer Stufe über das Themengebiet, da nicht alle SuS der Jahrgangsstufe 8 Sexualerziehung haben. Dadurch können sowohl falsche Informationen in den Biologieunterricht miteinfließen, als auch wichtige Informationen nach außen getragen werden. Bezüglich der Lerngruppe und dem Umgang mit diesem Themengebiet zeigt sich die Klasse sehr offen, wodurch ein sehr aktiver Biologieunterricht zustande kommt. Die Unterschiede im Lern- und Arbeitstempo der verschiedenen SuS muss bei der Gruppenarbeit beachtet werden.

2.4 Überlegungen zur Sache

Die Beschränkung auf die exemplarische Arbeit dieser Stunde mit nur einigen Verhütungsmethoden liegt darin begründet, dass die Bearbeitung aller Verhütungsmethoden zum einen zeitlich nicht zu bewältigen ist und zum anderen fachlich eine Überforderung der SuS darstellt. Viele andere Verhütungsmethoden finden auch erst einmal keine Verwendung im Schüleralltag. Die Unterrichtsstunde soll sehr handlungsorientiert gestaltet werden, so dass den SuS auch genügend Zeit in der Gruppenarbeit gegeben werden kann, damit sie sich mit den einzelnen Verhütungsmethoden auch auseinandersetzen können. Hierzu wurde von pro familia ein „Verhütungskoffer" zur Verfügung gestellt, damit die SuS zu den Verhütungsmethoden auch einmal einen praktischen Bezug bekommen. Im weiteren Verlauf der Unterrichtsreihe wird auch Aids ein Thema sein, so dass die Frage welche Verhütungsmethoden vor dieser Erkrankung schützen, bei allen Gruppen eine zentrale Frage bei der Bearbeitung einnimmt. Die Auswahl der verschiedenen Verhütungsmethoden lag darin begründet, dass diese Methoden im Alltag der SuS schon Verwendung gefunden haben bzw. in absehbarer Zeit Verwendung finden können. Auch die Beschaffbarkeit und der finanzielle Aspekte beim Erwerb der Verhütungsmethoden für SuS wurden bei der Auswahl berücksichtigt.

2.5 Didaktische Überlegungen

Verschiedene didaktische Modelle werden in der heutigen Stunde miteinander verknüpft. Zu Beginn der Stunde steht das problemorientierte Unterrichtsgeschehen im Mittelpunkt. Jugendschwangerschaften können für das zukünftige und jetzige Leben der SuS bedeutsam sein. Das Schlüsselproblem „Wie können wir ungewollte Jugendschwangerschaften vermeiden" wird am Ende der Stunde wieder aufgegriffen und mithilfe des erarbeiteten Wissens geklärt. Durch die Auseinandersetzung mit einem alltagsnahen Problem wird es den SuS leichter gemacht, sich mit den abstrakten, theoretischen Grundlagen der Verhütung bzw. der Verhütungsmittel zu befassen. „Für das Verstehen von Zusammenhängen ist es förderlich, wenn Lerner sich einen Sachverhalt ausgehend von einem Problem systematisch erschließen"[2]. Dabei wird auch die Diskussionsfähigkeit geschult, da genaue und klare Formulierungen bezüglich der verschiedenen Verhütungsmittel formuliert und die Aussagen der SuS begründet werden müssen.

Die Unterschiede im Lerntempo und den individuellen Lernvoraussetzungen der SuS wird durch die zusätzlichen Texte zu den Verhütungsmethoden Rechnung getragen. Dadurch wird eine Differenzierung für die Lerngruppe geschaffen, von der alle profitieren.

Die arbeitsteilige Gruppenarbeit im Gruppenpuzzle erweist sich als günstig, da so Merkmale verschiedener Verhütungsmethoden während einer Unterrichtsstunde parallel erarbeitet und anschließend in Kleingruppen vorgestellt werden können. Durch die Kooperation und Kommunikation in den Gruppen wird so auch anderen Lerntypen, wie dem auditiv-kommunikativen Lerntyp Rechnung getragen und das soziale Miteinander wird weiter gefördert.

---

[2] SPÖRHASE und RUPPERT (2006): Biologiedidaktik. Praxisbuch für die Sekundarstufe I und II. Cornelson Scriptor, Berlin S. 139.

2.6 Methodische Begründung

In der heutigen Stunde soll zu Beginn auf die Problematik von Jugendschwangerschaften eingegangen werden und somit das Interesse für diese Problematik geweckt werden. Für diesen Einstieg wurde eine Tabelle mit den Fällen von Schwangerschaften bei unter Achtzehnjährigen gewählt, so dass ein direkter Bezug für die SuS hergestellt werden kann. Die zentrale Frage, die sich daraus ergibt, „Wie können ungewollte Jugendschwangerschaften vermieden werden?", soll im Unterrichtsverlauf geklärt werden. In Kleingruppen erarbeiten die SuS Informationen über die verschiedenen Verhütungsmethoden, wobei die lernstarken Gruppen einen zusätzlichen Text bekommen können, indem Sie weitere Informationen über die entsprechenden Verhütungsmittel finden. Die erarbeiteten Informationen werden von der Gruppe in einer Tabelle festgehalten und im weiteren Verlauf im Gruppenpuzzle mit den anderen Gruppen ausgetauscht. Das Arbeiten in den Kleingruppen im Kunstraum erleichtert hierbei diese Arbeitsweise, so dass eine gemeinsame Arbeit in den Gruppen ermöglicht wird.

Die heutige Stunde ist geprägt von einem selbstständigen Arbeiten der SuS, so dass diese sich ohne Hemmungen mit dem Themengebiet auseinandersetzen können. Am Ende der Stunde haben die SuS die Möglichkeit das gelernte Wissen in den Fallbeispielen anzuwenden und somit ihr Wissen zu festigen. Dadurch kann der Lernverlauf bei den SuS überprüft und auf mögliche Probleme bzw. Fragen eingegangen werden.

3   Stundenverlaufsplan

Phase	Zeit	Unterrichtsgeschehen	Sozialform/Medien	Didaktischer Kommentar
• Begrüßung/ Einstieg	• ca. 2 Min.	• Begrüßung der SuS. • Besuch wird vorgestellt.	• Ablaufplan • LuS-Gespräch	• Motivation der SuS. • Stundenbeginn wird signalisiert.
• Hinführung zum Thema	• ca. 4 Min.	• SuS betrachten das Bild und die Tabelle auf der Folie • Gespräch über die zusehende Situation und Erarbeitung des Problems • Bekanntgabe des Stundenablaufs	• LuS-Gespräch • Beamer	• Zieltransparenz herstellen. • SuS identifizieren sich mit der Problematik der Jugendschwangerschaft → „Wie können wir diese Problematik vermeiden?"
• Hinführung zur Erarbeitungsphase	• ca. 2 Min.	• Bekanntgabe der Arbeitsaufträge für das Gruppenlernen. • Einteilung der Gruppen. • Klärung von Verständnisfragen.	• LuS-Gespräch	• Einteilung der Gruppen nach einem Zufallsprinzip.
• Erarbeitungsphase I	• ca. 12 Min.	• SUS erarbeiten in Kleingruppen die wichtigsten Informationen verschiedener Verhütungsmittel. • Die wichtigsten Informationen werden in einer Tabelle durch die SuS selbstständig zusammengeführt.	• Kleingruppen • Gruppentexte • Verhütungsmittel • Tabelle	• Die Anzahl der SuS in den Gruppen wird der Anzahl der Verhütungsmittel angepasst. • Didaktische Reserve: Gruppen, die schnell ihren Text bearbeitet haben, bekommen einen Zusatztext zu weiteren Vor-/ Nachteilen ihrer Mittel.
• Erarbeitungsphase II	• ca. 14 Min.	• SuS bilden nun Gruppen und informieren sich gegenseitig über die Verhütungsmittel. • Die SuS bekommen Karten mit Situationen, denen sie die sicherste Verhütungsmethode zuordnen sollen.	• Gruppenpuzzle • Gruppentexte • Tabelle	• Aufgrund der KG müssen sich alle SuS am Unterrichtsgeschehen beteiligen. • Transfer des Gelernten in eine praktische Situation.

• Abschlussreflexion	• ca. 6 Min.	• Die Problemsituation werden in der Klasse besprochen und die sichersten Verhütungsmethoden zugeordnet.	• LuS-Gespräch	• LAA stellt Fragen zur Unterrichtstunde.
		• SuS sollen die Wahl der Verhütungsmethoden begründen.		• LAA bekommt eine Rückmeldung über den Wissensstand der SuS.
		• Die SuS geben ein Feedback zu der Unterrichtsstunde und beurteilen die Zusammenarbeit in den Gruppen.		
		• SuS gehen auf die Äußerungen ihrer Mitschüler/innen ein.		
		• LAA gibt ein Feedback zur Stunde und verabschiedet die SuS.		

4   Literatur und Quellennachweis

a) SPÖRHASE und RUPPERT: Biologiedidaktik. Praxisbuch für die Sekundarstufe I und II. Cornelson Scriptor, Berlin 2006.

b) MINISTERIUM FÜR SCHULE, WISSENSCHAFT UND FORSCHUNG DES LANDES NRW (Hrsg.): Lehrpläne und Kernlehrpläne für die Realschule in Nordrhein-Westfalen. Biologie. 2011.

Gruppe 1 - Das Kondom:

Das Kondom ist ein dünner Gummischutz (aus Latex oder Polyurethan), der vor dem Verkehr über das steife Glied gezogen wird. Das Kondom ist vergleichbar mit einem dünnen Gummischlauch (aus Latex), der an einem Ende geschlossen ist. Es wird beim Geschlechtsverkehr über den steifen Penis gezogen (abgerollt). Es fängt das Sperma beim Samenerguss auf. So gelangen die Spermien nicht in die Scheide der Frau.

Vorteil ist, dass nicht nur eine Schwangerschaft verhütet wird, sondern auch eine Ansteckung mit Geschlechtskrankheiten verhindert werden kann, wie z.b. Aids, Herpes, Hepatitis. Das Kondom bietet als fast einziges Verhütungsmittel den wichtigen Schutz vor Geschlechtskrankheiten. Auch kann man jederzeit das Kondom spontan einsetzen. Die Verhütung mit dem Kondom ist sehr sicher! Kondome kosten pro Stück ca. 40 – 50 Cent, wenn man sie z.b. in einer 10er Packung im Drogeriemarkt kauft.

Gruppe 1 – Zusatztext:

Das Kondom kann auch mit anderen Verhütungsmitteln kombiniert werden und sorgt für noch mehr Sicherheit. In vielen Drogerien, Supermärkten, Tankstellen und Apotheken kann das Kondom gekauft werden.
Nachteil ist, dass bei der Anwendung Fehler passieren können, z.B. dass das Kondom beim Herausholen aus der Packung oder beim Überziehen beschädigt oder falsch anwendet wird, so dass Samen in die Scheide der Frau gelangen können.

Kondome richtig anwenden:

Schritt 1 Machen Sie die Kondompackung vorsichtig auf.	
Schritt 2 Benutzen Sie das Kondom erst dann, wenn der Penis erigiert ist. Ist der Penis nicht beschnitten, ziehen Sie zuerst die Vorhaut zurück.	
Schritt 3 Drücken Sie mit zwei Fingern oben die Luft aus dem Zipfel des Kondoms, heraus. Setzen Sie es so auf den steifen Penis. Die Rolle des Kondoms muss dabei außen liegen!	
Schritt 4 und 5 Dann rollen Sie das Kondom über den Penis ganz nach hinten ab. Halten Sie dabei das Kondom weiterhin oben fest.	
Schritt 6 Ziehen Sie den Penis nach der Ejakulation heraus, bevor er wieder schlaff wird! Halten Sie dabei das Kondom am Ring fest, damit es nicht abrutscht und im Körper bleibt. Waschen Sie danach den Penis und die Hände. Werfen Sie das Kondom nicht in die Toilette, sondern in den Müll.	

Gruppe 2 - Das Diaphragma und die Portiokappe:

Das Diaphragma und die Portiokappe sind kleine Gummikappen aus Silikon, die es in verschiedenen Größen gibt. Die richtige Größe für die Frau muss von einem Frauenarzt angepasst werden. Vor dem Geschlechtsverkehr wird es von der Frau in die Scheide eingeführt bis direkt vor die Gebärmutter (Muttermund). So können keine Spermien in die Gebärmutter gelangen. Man muss aber gleichzeitig noch ein Spermienabtötendes Gel in die Scheide einführen, damit diese Verhütungsmethode sicher ist.

Nach dem Geschlechtsverkehr müssen beide Verhütungsmittel wieder aus der Scheide entfernt werden, da es sonst zu Entzündungen kommen kann.

Diaphragma und Portiokappe schützen nicht vor Geschlechtskrankheiten.

Das Diaphragma ist in Kombination mit chemischen Gels sicher in der Schwangerschaftsverhütung. Es kostet ca. 25 – 40 € und kann mehrfach verwendet werden, die Gels kosten noch einmal etwa 10 € pro Tube.

Portiokappe	Diaphragma

Gruppe 2 – Zusatztext:

Der Vorteil ist, dass diese Verhütungsmethode spontan angewendet werden kann, also wirklich nur dann, wenn es tatsächlich zum Geschlechtsverkehr kommt. Außerdem gibt es keinen Eingriff in den Körper der Frau, wie z.b. durch die Einnahme von Hormonen.

Der Nachteil ist, dass die Frau erst lernen muss, das Diaphragma richtig einzusetzen, es ist nicht einfach zu handhaben. Das Diaphragma muss vom Arzt oder einer Ärztin angepasst werden. Jedes Mädchen hat eine andere Größe. Außerdem müssen immer das Diaphragma und ein Verhütungsgel in Kombination zur Verhütung angewendet werden. Das Diaphragma ist für viele Mädchen und Jungen gewöhnungsbedürftig.

Gruppe 3 – Die Hormonspirale:

Die meisten Hormonspiralen bestehen heutzutage aus Kunststoff. Spiralen aus Kupfer werden heute kaum noch verwendet, da sie zu gesundheitlichen Schäden führen können.

Die Hormonspiralen geben Hormone ab, wodurch das Befruchten der Eizelle durch die Spermien verhindert wird. Durch die Abgabe der Hormone werden zum einem die Samenzellen in ihrer Beweglichkeit gehemmt, als auch der Aufbau der Gebärmutterschleimhaut verhindert. Die Spirale muss von einem Frauenarzt eingesetzt werden.

Ein Vorteil ist, dass die Frau sich lange Zeit nicht mehr um die Verhütung sorgen muss. Bei einigen Frauen kann es dazu kommen, dass sie auf Grund der Hormonspirale nicht mehr schwanger werden können.

Die Spirale bietet keinen Schutz vor Geschlechtskrankheiten. Die Spirale ist sehr sicher in der Schwangerschaftsverhütung, sie kostet ungefähr 150€.

Gruppe 3 – Zusatztext:

Die modernen Spiralen halten bis zu 5 Jahren. Sie müssen von einem Frauenarzt eingesetzt werden. Dies stellt für viele Mädchen und Frauen eine zusätzliche Belastung da.

Ein weiterer Nachteil ist, dass es mit einer Spirale zu Unterleibsentzündungen kommt kann, wenn die Spirale nicht an der richtigen Stelle sitzt, was zu Schmerzen führt. Außerdem kann es zu Nebenwirkungen kommen, die dazu führen, dass die Frau nicht mehr schwanger werden kann. Deshalb empfehlen die Ärzte die Spirale oft den Frauen, die schon Kinder haben oder keine mehr bekommen möchten.

Bei Mädchen ab 16 und Frauen, die noch kein Kind geboren haben, kann es sein, dass es schwierig ist, die Hormonspirale einzusetzen. Es gibt sie nur in einer Größe. Der Frauenarzt oder die Frauenärztin muss also mit Ultraschall untersuchen, ob die Gebärmutter schon groß genug ist.

Gruppe 4 – Die Pille:

Die Pille ist eine Hormontablette, die den Eisprung bei der Frau verhindert. Deshalb kommt es nicht zu einer Befruchtung der Eizelle und so auch zu keiner Schwangerschaft.

Zusätzlich gibt es noch die Minipille, die seit einigen Jahren vermehrt eingenommen wird. Im Unterschied zur Pille beinhaltet sie weniger Hormone. Sie verhindert das Eindringen der Samenzellen in die Gebärmutter.

Beide Arten der Pille müssen täglich 21 Tage lang von der Frau eingenommen werden. Danach setzt die Monatsblutung (Menstruation) ein.

Nach 7 Tage Pause wird wieder mit dem Einnehmen begonnen. Diese Hormontablette muss von einem Arzt verschrieben werden. Eine Frau kann sie nicht einfach so kaufen, sondern muss vorher zur Untersuchung zum Frauenarzt.

Ein großer Nachteil ist, dass die Pille nicht vor Geschlechtskrankheiten schützt. Außerdem muss sie regelmäßig diszipliniert eingenommen werden und kann nicht spontan eingesetzt werden, wenn man Geschlechtsverkehr haben möchte. Auch Durchfall, Erbrechen und andere Medikamente können die Sicherheit der Pille beeinflussen.

Die Pille ist in Bezug auf die Schwangerschaftsverhütung sehr sicher. Sie kostet je nach Sorte ungefähr 15 – 20 € pro Monat.

Gruppe 4 – Zusatztext:

Der Vorteil ist, dass die Pille neben der Schwangerschaftsverhütung auch bei manchen Frauen die Wirkung hat, dass sie weniger Bauchschmerzen bei ihrer Regelblutung haben und nicht mehr so stark bluten.

Die Pille muss regelmäßig eingenommen werden, verzögert sich die Einnahme um mehr als zwei Stunden, ist der Schutz vor einer Schwangerschaft bereits nicht mehr gewährleistet. Auch Durchfall, Erbrechen und andere Medikamente können die Sicherheit der Pille beeinflussen.

Die Pille wirkt wie ein Medikament, sodass es auch zu Nebenwirkungen (z.B. Scheidenentzündungen, Gewichtszunahme, Erkrankungen der Blutgefäße, Kopfschmerzen) kommen kann. Auch vertragen nicht alle Frauen die Pille und müssen daher zu anderen Verhütungsmitteln greifen.

Gruppe 5 - Hormonimplantat, Vaginalring, Hormonpflaster:

Es gibt verschiedene Verhütungsmethoden, auf die nicht täglich geachtet werden müssen, die aber dennoch regelmäßig Hormone an den Körper abgeben. Durch diese Hormone wird die monatliche Freisetzung einer Eizelle aus den Eierstöcken verhindert. Darüber hinaus verändern die Hormone den Schleim in der Gebärmutter, um ein Eindringen der Spermien zu verhindern.

Der Vaginalring wird von der Frau selbst in die Scheide eingelegt und drei Wochen lang in der Scheide gelassen. Dann wird er für eine Woche entfernt, in der dann die Periode einsetzt. Danach wird wieder ein neuer Ring eingeführt.

Eine ähnliche Wirkungsweise hat das hautfarbene Hormonpflaster, das an der Außenseite der Oberarme, am Bauch, Po sowie am gesamten Oberkörper (außer im Brustbereich) aufgeklebt werden kann.

Das Hormonimplantat ist ein kleines Stäbchen, das von einer Frauenärztin/ einem Frauenarzt unter die Haut an der Innenseite des Oberarms eingepflanzt wird. Von dort werden kleine Mengen von Hormonen in den Körper abgegeben, die eine Schwangerschaft über einen Zeitraum von drei Jahren sicher verhindern sollen.

Nach bisherigen Erkenntnissen bieten diese Verhütungsmittel eine sehr hohe Sicherheit, vergleichbar mit der Pille. Der Vorteil dieser Mittel liegt darin, dass nicht täglich an Verhütung gedacht werden muss. Allerdings schützen sie nicht vor Aids oder anderen Erkrankungen.

Die Mittel sind im Vergleich zur Pille und Kondom teurer.

Hormonimplantat	Vaginalring	Hormonpflaster

Gruppe 5 – Zusatztext:

Die Nebenwirkungen, die bei Hormonimplantat, Vaginalring und Hormonpflaster auftreten können, sind Brustbeschwerden, Kopfschmerzen und Übelkeit. Mädchen, die aus medizinischen Gründen die Pille nicht nehmen sollen, wird auch von der Anwendung dieser Verhütungsmittel abgeraten.

Die Hormonpflaster haben eine gute Haftfähigkeit bewiesen, auch im Schwimmbad, in der Sauna oder beim Sport und bieten eine hohe Verhütungssicherheit.

Hormonimplantat, Vaginalring und Hormonpflaster müssen von einem Arzt oder einer Ärztin verschrieben werden und bieten den Vorteil, dass diese nicht täglich angewendet werden müssen.

Gruppe 6 - Natürliche Methoden:

Natürliche Methoden sind keine Verhütungsmethoden im eigentlichen Sinne, sondern helfen beim Verhindern einer Schwangerschaft nur, indem man an den „fruchtbaren Tagen" keinen Geschlechtsverkehr hat.

Durch das Messen der Körpertemperatur zur gleichen Zeit kann die Frau herausfinden, an welchem Tag während eines Monats der Eisprung stattfindet. Wenn der Eisprung vorüber ist, steigt die Körpertemperatur um ca. 0,2 °C an und bleibt ungefähr so hoch, bis die nächste Regelblutung einsetzt. Dabei muss die Frau auch die Veränderung am „Ausfluss" (das ist der Schleim der Scheide) beobachten.

Diese Methode bietet keinen Schutz vor Geschlechtskrankheiten.
Diese Verhütungsmethode ist unsicher, weil es durch viele Dinge (z.B. eine Grippe) zu Schwankungen beim Eisprung kommen kann.

Ein weiteres Beispiel für eine natürliche Verhütungsmethode ist der Koitus interruptus der fachsprachlicher Ausdruck für "unterbrochener Geschlechtsverkehr". Dieses genannte Verhalten gehört zu den veralteten Ideen, wie man verhüten kann.
Der Junge/ Mann zieht dabei vor dem Eintritt des Samenergusses – also direkt vor dem Orgasmus – seinen Penis aus der Scheide und kommt außerhalb zum Samenerguss.
Dieses Verfahren bietet jedoch keinerlei Sicherheit, denn es kommt oft bereits vor dem eigentlichen Samenerguss zum Austritt von Samenflüssigkeit.
Alle natürlichen Verhütungsmethoden bieten keinen Schutz vor Geschlechtskrankheiten und sind sehr unsicher.

Gruppe 6 – Zusatztext:

Der Vorteil dieser Methode ist, dass die Frau lernt, sich selbst und ihren Körper gut zu beobachten. Sie benötigt keine Hormone oder andere Hilfsmittel, daher bleiben Nebenwirkungen aus. Auch Kosten fallen (bis auf die Anschaffung eines Thermometers) nicht an.

Der Nachteil ist, dass die Frauen anfangs mehrere Monate die „Temperatur" messen und aufschreiben müssen – und das immer morgens zur gleichen Zeit. Erst dann kennen sie ihre natürlichen Temperaturschwankungen und wissen, wann der Eisprung stattfindet. Das Aufschreiben und Messen darf man keinen Tag vergessen.

Außerdem kann man an den fruchtbaren Tagen (das sind ca. 7 Tage vor dem Eisprung und etwa 2 Tage nach dem Eisprung) keinen Geschlechtsverkehr haben.

Methode	Anwendung/Wirkungsweise	Sicherheit	Schutz vor Aids und Geschlechtskrankheiten	Vorteile	Nachteile
Kondom	Dünner Gummischlauch aus Latex wird über steifen Penis gezogen, fängt Sperma auf	relativ sicher	X	Keine Nebenwirkungen, Verhütet Schwangerschaft UND Geschlechtskrankheiten	Es passieren leicht Fehler, Kondom wird beschädigt, Samen gelangen in Scheide
Diaphragma/ Portiokappe	Gummikappe aus Silikon, wird vor der Gebärmutter von der Frau eingeführt, muss vom Frauenarzt angepasst werden, wirkt nur sicher zusammen mit Spermaabtötenden Gels	sicher – nur in Kombination mit Gels		Spontan anwendbar, enthält keine Hormone	Schwer in der Handhabung, muss vom Frauenarzt angepasst werden, wirkt nur zusammen mit Gel, kein Schutz vor Geschlechtskrankheiten
Hormonspirale	Besteht aus Kunststoff, hat verschiedene Formen, es gibt Kupferspirale und Hormonspirale, muss vom Frauenarzt eingesetzt werden	hoch		Man muss sich nicht täglich um Verhütung kümmern, hält ca. 5 Jahre	Gefahr von Entzündungen, kein Schutz vor Geschlechtskrankheiten
Pille	Hormontablette muss vom Arzt verordnet werden und wird dann täglich eingenommen	sehr hoch		Wirkt auch gegen Monatsbeschwerden (Bauchschmerzen, starke Blutung)	Man muss jeden Tag daran denken, schützt nicht vor Geschlechtskrankheiten, hat Nebenwirkungen (Gewichtszunahme, Gefäßveränderungen, gefährlich für Raucher)
Hormonimplantat, Vaginalring, Hormonpflaster	Wirkt wie die Pille, Hormone gehen direkt ins Blut über	sehr hoch		Keine tägliche Einnahme von Verhütungsmittel notwendig	Mögliche Nebenwirkungen: Brustbeschwerden, Kopfschmerzen und Übelkeit
Natürliche Methode	Temperaturmessmethode und Veränderung von Ausfluss beobachten	sehr unzuverlässig		Keine Nebenwirkungen, keine Kosten, Frau lernt Körper gut zu beobachten	Aufschreiben und Messen der Körpertemperatur jeden Tag, darf nie vergessen werden, ist unsicher, schützt nicht vor Geschlechtskrankheiten, kein Geschlechtsverkehr an fruchtbaren Tagen erlaubt

28

Bild und Tabelle für den Stundeneinstieg:

Quelle:

http://s1.eltern.de/thumbnails/0001/00000000001/c4/85/400pxx300px/c48537846163
c671c7f300f9581e52a5uniqueidjugendliche_eltern_2jpg.jpg (Zugriff am 25.04.2013)

Anzahl der Schwangerschaften bei Frauen unter 18 Jahren	
12-Jährige	0,005 %
13-Jährige	0,02 %
14-Jährige	0,2 %
15-Jährige	0,5 %
16-Jährige	0,9 %
17-Jährige	1,2 %
Gesamt:	2,825 %

Quelle: pro familia/BZGA, Studie „Schwangerschaft und
Schwangerschaftsabbruch bei minderjährigen Frauen"

Abschlusstexte:

1. Claudia und Manuel haben sich auf einer Party kennengelernt. Wenn es ihr Stundenplan zulässt, sind sie so gut wie jede Nacht unterwegs. Treue ist den beiden absolut wichtig, auch eine gemeinsame Zukunft können sie sich miteinander vorstellen. Aber an Kinder denken Claudia und Manuel noch lange nicht! Ganz im Gegenteil – ein Kind passt für die nächsten Jahre überhaupt nicht in ihre Lebensplanung.

   Welche Verhütungsmethode ist für Claudia & Manuel geeignet?

   0 Natürliche Methode   0 Pille   0 Temperaturmessung   0 Vaginalring

2. Anna und Florian sind richtig verliebt und planen ihr erstes Mal. Julias Zyklus ist erst seit kurzem regelmäßig, und sie hat ein wenig Angst davor, mit Hormonen einzugreifen. Außerdem hat sie von Freundinnen gehört, dass man von der Pille zunehmen kann. Verhütung ist für die beiden aber ein absolutes Muss.

   Welche Verhütungsmethode ist für Anna & Florian geeignet?

   0 Kondom   0 Pille   0 Temperaturmessung   0 Vaginalring

3. Steffi und Markus sind vor einem halben Jahr zusammen gekommen. Beide gehen noch in die Schule und wissen noch nicht genau, was aus ihnen in der Zukunft wird. Sie haben regelmäßig Geschlechtsverkehr, für beide ist die Verhütung aber eine wichtige Sache. Das Problem ist nur, dass sie beide sehr vergesslich sind.

   Welche Verhütungsmethode ist für Steffi & Markus geeignet?

   0 Natürliche Methode   0 Pille   0 Temperaturmessung   0 Hormonpflaster

4. Für Jan und Simone stehen bald die großen Sommerferien an. In diesen Ferien werden sie mit einer Jugendgruppe nach Spanien fahren und vielleicht auch einmal jemanden kennenlernen, mit dem sie sich vorstellenkönnen Geschlechtsverkehr zuhaben. Wenn es dazu kommen sollte,

   welche Verhütungsmethode ist für Simone bzw. Jan geeignet?

   0 Natürliche Methode   0 Pille   0 Kondom   0 Hormonpflaster